CUIDADOS

GENERALES DEL

RECIEN NACIDO

SANO

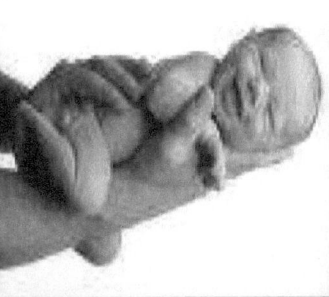

EL RECIEN NACIDO SANO.

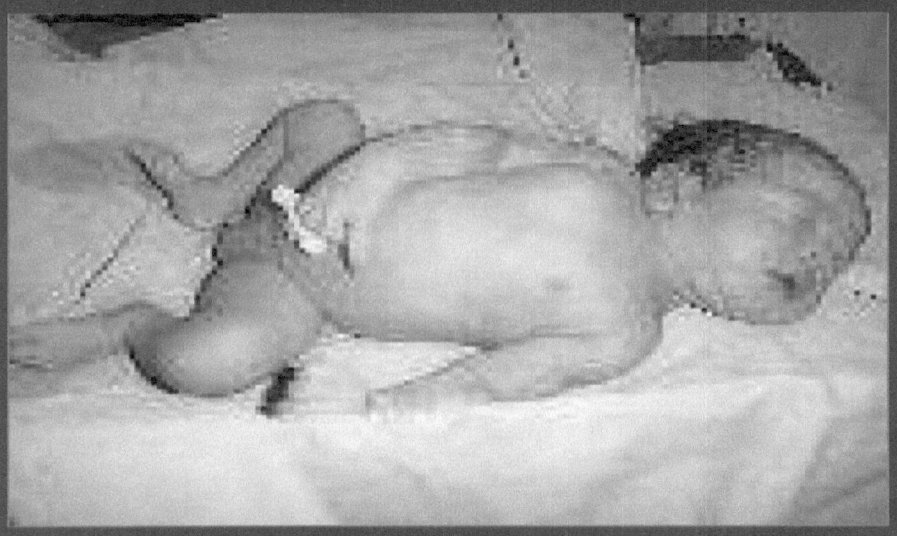

INDICE

1.- INTRODUCCION

Los recién nacidos sanos, aunque no presenten ningún problema, requieren una serie de cuidados y procedimientos más o menos rutinarios, y una valoración cuidadosa de su estado general y de la correcta instauración de la alimentación (1, 2).

Un recién nacido puede considerarse aparentemente sano cuando es a término ($\geq$ 37 semanas de gestación) y su historia (familiar, materna, gestacional y perinatal), su examen físico y su adaptación lo garanticen.

Podemos decir que las carateristicas del **R.N. SANO:** Período neonatal abarca de 0 a 28 días, peso promedio 3200-3500 gr,(fluctuación 2500 a 4000 grs.), talla promedio 50 cms, circunferencia craneana 33 a 35 cms, circunferencia torácica 33.5 cms (1.5 cms menos que la craneana)

Es difícil encontrar el justo equilibrio entre la observación cuidadosa de todo este proceso, asegurándonos que estamos ante un recién nacido de bajo riesgo que apenas precisa intervenciones por nuestra parte, y la menor interferencia posible en la entrañable llegada de un bebé al mundo y sus primeros contactos con su entorno familiar.

2.- VALORACIÓN DE LOS ANTECEDENTES PREVIOS AL PARTO

La mejor manera de asegurar que vamos a asistir a un recién nacido de bajo riesgo es valorar que el embarazo ha transcurrido normalmente, haciendo especial hincapié en las situaciones de riesgo. Existen patologías en lamadre o fármacos que pueden afectar al feto o producir complicaciones postnatales, y que deben ponerse en conocimiento del pediatra (3):

a) Patología médica materna: hipertensión arterial, diabetes, hipertiroidismo, infección por VIH, tuberculosis, fenilcetonuria, distrofia miotónica, miastenia gravis, lupus eritematoso sistémico, etc.

b) Fármacos: antihipertensivos, insulina, antitiroideos, citostáticos, ansiolíticos, antidepresivos, drogas de abuso, etc.

c) Patología de índole social: nivel socioeconómico muy bajo, madres adolescentes, adicción a drogas en la madre, etc.

d) Valorar controles de infecciones que puedan afectar al feto: toxoplasmosis, hepatitis, virus de la inmunodeficiencia humana, sífilis, rubéola y resultado del cultivo perineal para estreptococo agalactiae. Así como controles ecográficos y cuidados de la madre durante el embarazo.

3.- CUIDADOS EN EL PARITORIO

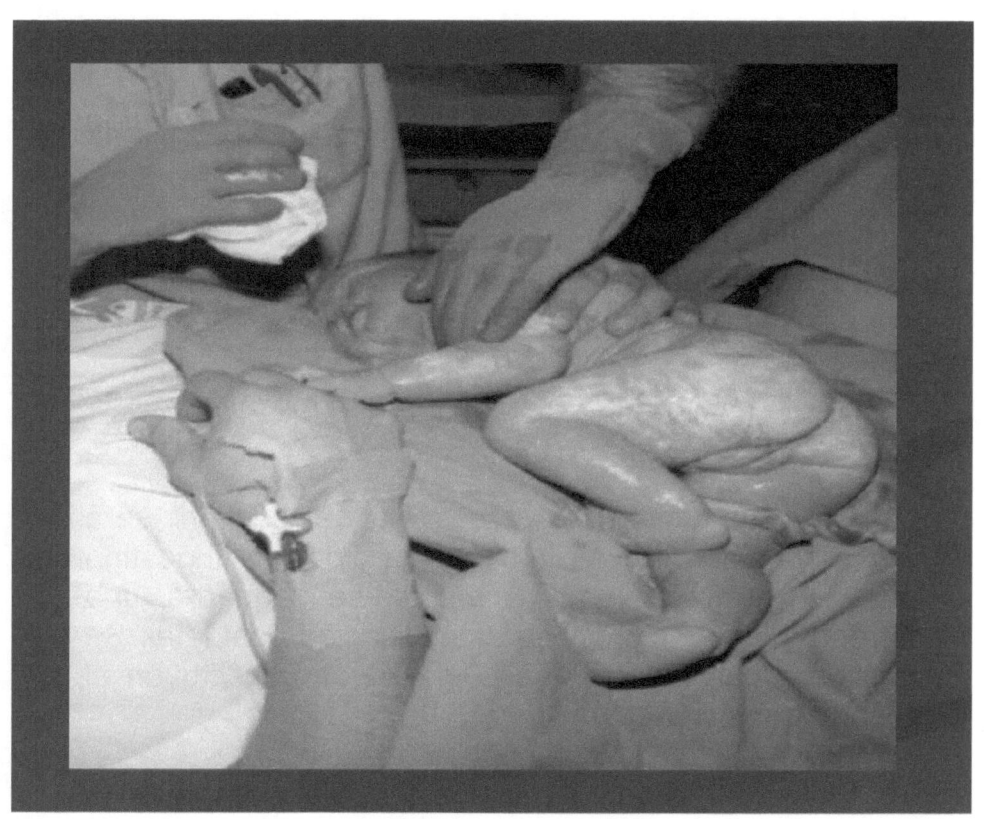

La valoración en la fase inmediata al parto deberá constatar (1-5) :

a) La edad gestacional y/o el peso adecuados

b) La ausencia de alguna anomalía congénita

c) La adecuada transición a la vida extrauterina

d) Que no hay problemas del neonato secundarios a incidencias de la gestación, parto, analgesia o anestesia

e) Que no haya signos de infección o de enfermedades metabólicas.

En caso contrario la presencia del pediatra será necesaria para verificar la situación y decidir el destino inicial y el tratamiento. Siempre se requerirá una correcta observación de la estabilización postnatal. Se considera que las primeras 6-12 horas constituyen el periodo transicional.

El recién nacido debe mantenerse siempre a la vista de su madre, salvo que no sea posible por necesidades asistenciales.

Los **cuidados en el paritorio** se basan en la coordinación entre la asistencia obstétrica y pediátrica, procurando anticiparse a las situaciones que así lo requieran. Se debe:

a) Procurar un **ambiente** tranquilo, seguro y confortable a la madre y al padre para facilitar el mejor recibimiento del recién nacido.

b) Manejar al recién nacido con **guantes** por el contacto con líquido amniótico, sangre, meconio, heces, etc.

c) Tras la salida del feto se debe **clampar el cordón umbilical** con una pinza de cierre sin apertura o dos ligaduras si no se dispone de la pinza. Se debe examinar el cordón, descartando la existencia de una arteria umbilical única (se asocia en un 8-16 % de los casos con anomalías renales, por lo que en ese caso se aconseja realizar una ecografía renal) (6, 7). Si se dispone de un banco de cordonesumbilicales se debe depositar en él los restos del cordón umbilical si así lo solicita la familia.

d) La **temperatura del paritorio** debe ser, al menos de 20ºC y recibir al recién nacido bajo una fuente de calor radiante o directamente sobre la piel de su madre. Esto último es posible cuando conocemos que no existen problemas previos y el parto ha transcurrido con normalidad; previene la pérdida de calor, favorece el establecimiento de una lactancia materna adecuada, mejora los niveles de glucemia y facilita el apego madre-hijo.

e) La mayoría de recién nacidos por parto vaginal y aparentemente sanos, pueden y deben ser entregados directamente a sus **madres**, si ellas quieren, a fin de obtener el deseable contacto precoz madre- hijo. Es aconsejable sugerir que, aquéllas madres que quieran dar el pecho, inicien la lactancia materna lo antes posible ya desde este momento. Esto no tiene por qué interferir con las actividades a realizar en estos momentos iniciales:

- Realizar el test de **Apgar**. Se puede realizar junto a su madre el Apgar al primer minuto, si es mayor de 7 puede seguir con ella y debemos acompañarlo hasta la valoración del Apgar a los 5 minutos; en caso de que fuese menor de 7 se debe trasladar a la zona de atención para valoración y estabilización.

TEST DE APGAR.

La puntuación APGAR evalúa lo siguiente:

Respiración, llanto

Irritabilidad, refleja

Pulso, ritmo cardíaco

Coloración de la piel del cuerpo y las extremidades

Tono muscular

ESQUEMA DE PUNTUACION DEL TEST DE APGAR

SIGNO / PUNTAJE	0	1	2
Frecuencia Cardiaca	Ausente	< 100	> 100
Esfuerzo Respiratorio	Ausente	Débil, irregular	Llanto Vigoroso
Tono Muscular	Flacidez Total	Cierta flexión de extremidades	Movimientos Activos
Irritabilidad Refleja	No hay respuesta	Reacción discreta (muecas)	Llanto
Color	Cianosis total	Cuerpo rosado cianosis distal	Rosado

Puntaje del test de Apgar y Diagnostico del Recién nacido al nacer.

7 a 10	normal	No requiere procedimientos especiales
4 a 6	Dificultad cardiorrespiratoria o depresión moderada	Requiere algunas medidas, oxigeno, estimulación.
0 a 3	Depresión cardiorrespiratoria grave o asfixia neonatal grave	Requiere atención inmediata de reanimación, Presión positiva de oxigeno, drogas

- Obtención de **sangre de cordón** ya seccionado para realizar gasometría y Rh-

Coombs si la madre es Rh negativo o se sospecha incompatibilidad.

• **Identificación**. La Comisión de la A.E.P. para la Identificación del recién nacido (8) recomendaba que dada la ineficacia de la huella plantar, en las Maternidades y en las Unidades de Neonatología deben existir varios procedimientos para la adecuada identificación de los recién nacidos:

—Propiciar la unión madre-hijo desde el nacimiento de éste hasta el alta hospitalaria, no debiendo existir separaciones salvo que la salud de alguno de ellos así lo requiera
—Utilización de pulseras homologadas para este objetivo y correctamente colocadas en la misma sala de partos, y a ser posible de distintos colores para cada parto sucesivo o simultaneo, y del mismo color para la madre que para su hijo, así como la colocación de pinzas umbilicales estériles con la identificación del RN, etc.
—Toma de sangre del cordón obtenida en el momento de separar la placenta al cortarse el cordón umbilical, con el consentimiento informado de los padres para la eventual identificación genética

del recién nacido, en caso de duda, mediante el análisis de los fragmentos STR de los cromosomas.

—Incorporar sistemas de identificación que en un futuro demostrasen científicamente su validez para una mejor y/o más sencilla identificación del RN en el momento del nacimiento (huella dactilar digitalizada...).

—Con carácter voluntario debía darse la posibilidad de la realización de un "carnet de identidad neonatal" con la identificación del recién nacido mediante el empleo de la huella dactilar, pero que debería efectuarse por personal experto no sanitario.

En estos últimos años la mayor parte de hospitales han incorporado las pulseras y pinzas umbilicales homologadas. También se han desarrollado e implantado sistemas de huella dactilar digitalizada con buenos resultados.

• Se puede realizar una comprobación con **pulsioximetría** de la correcta adaptación del recién nacido. Se acepta como adecuado 95 % de SatO2 respirando aire ambiente.

f) Inmediatamente tras el parto se deberá hacer una **estimación individualizada del nivel de atención** que se ha de proporcionar en cada caso. Se debe prestar especial atención a la posible presencia de signos dismórficos,

g) No se debe lavar al recién nacido en paritorio o nada más nacer, **sólo secar con paños calientes** para retirar la sangre, meconio o líquido amniótico, procurando no eliminar el vermix caseoso.

h) Si se trata de una cesárea con anestesia locoregional se debe acercar el recién nacido a sumadre despierta, tras todo lo anterior, para favorecer un contacto inicial. **Cuando se emplee anestesia general deberemos esperar** a que su condición general y su estado de conciencia permitan el contacto madre-hijo. Todas las actividades referidas en relación con el parto vaginal tendrán que realizarse igualmente, debiéndose disponer de un área adecuada y del personal preciso para la tutela del recién nacido durante el período de separación (Figura 1).

4.- CUIDADOS DESPUÉS DEL PARTO

4.1.-Cuidados iniciales en la sala de partos:

a) Comprobar inicialmente que la pinza del cordón está bien clampada, el RN correctamente **identificado** y su estado general es bueno.

b) **Profilaxis de la conjuntivitis neonatal** con pomada ocular de eritromicina al 0.5 % o terramicina al 1 % en su defecto. La povidona yodada al 2.5 % es más efectiva frente a clamydia incluso que la eritromicina, pero, por minimizar las exposiciones a yodo en el periodo neonatal no se aconseja su uso generalizado y tampoco está comercializada esta solución.

PLAN GENERAL DE LOS CUIDADOS INICIALES A LOS RECIÉN NACIDOS

SALA DE PARTOS

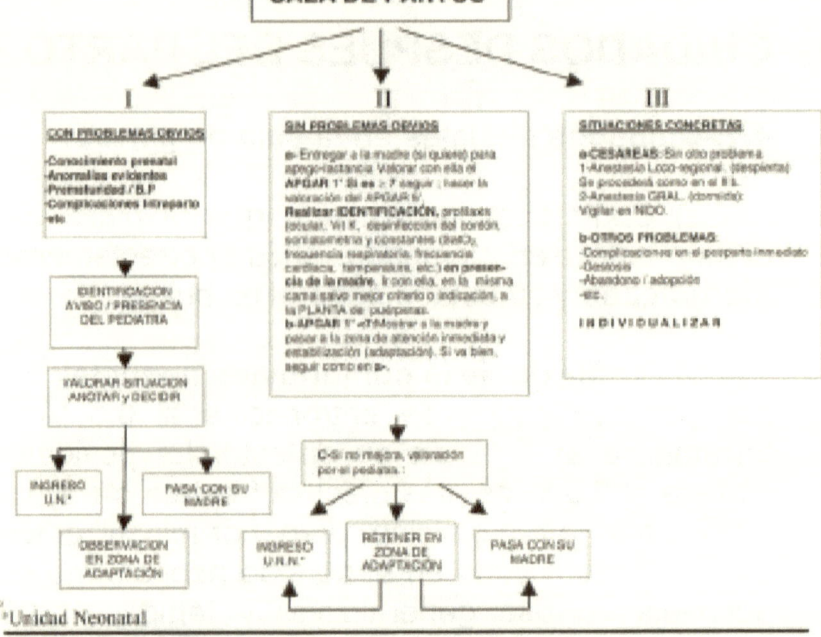

I

CON PROBLEMAS OBVIOS

-Conocimiento prenatal
-Anomalías evidentes
-Prematuridad / B.P.
-Complicaciones intraparto
etc

↓

IDENTIFICACION
AVISO / PRESENCIA
DEL PEDIATRA

↓

VALORAR SITUACIÓN
ANOTAR y DECIDIR

↓

INGRESO U.N.* | PASA CON SU MADRE

↓

OBSERVACION EN ZONA DE ADAPTACIÓN

²Unidad Neonatal

II

SIN PROBLEMAS OBVIOS

a- Entregar a la madre (si quiere) para apego+lactancia. Valorar con ella el **APGAR 1' Si es ≥ 7 seguir ; hacer la** valoración del APGAR 5'.
Realizar IDENTIFICACIÓN, profilaxis (ocular, Vit K, desinfección del cordón, somatometría y constantes (SatO₂, frecuencia respiratoria, frecuencia cardiaca, temperatura, etc.) **en presencia de la madre.** Ir con ella, en la misma cama salvo mejor criterio o indicación, a la PLANTA de puérperas.
b- **APGAR 1' <7** Mostrar a la madre y pasar a la zona de atención inmediata y estabilización (adaptación). Si va bien, seguir como en a-.

↓

C-Si no mejora, valoración por el pediatra. :

↓

INGRESO U.N.N.* | RETENER EN ZONA DE ADAPTACIÓN | PASA CON SU MADRE

III

SITUACIONES CONCRETAS

a-**CESAREAS:** Sin otro problema.
1-Anestesia Loco-regional. (despierta)
Se procederá como en el II a.
2-Anestesia GRAL. (dormida):
Vigilar en NIDO.

b-**OTROS PROBLEMAS:**
-Complicaciones en el posparto inmediato
-Gestosis
-Abandono / adopción
-etc.

I N D I V I D U A L I Z A R

PLANTA DE PUÉRPERAS

Ingreso MADRE-NIÑO: Recepción en planta. Pasar la historia del RN a su carpeta. Comprobar su identidad.
Ingreso MADRE SIN NIÑO: Recepción constatando y anotando el MOTIVO. Seguimiento del problema.
Ingreso NIÑO SIN MADRE: Ubicación en el Área de Observación de RN normal (NIDO) y anotando el MOTIVO.

Situaciones del recién nacido (RN)

PENDIENTES CERTIFICADO NEONATAL

1-**RECEPCIÓN:** (madre-niño) Instrucciones INDIVIDUALIZADAS a partir de la información materna sobre:
-Intención de lactancia
-Problemas / dudas.
SIEMPRE INFORMAR SOBRE:
-Colocación del niño y acceso al mismo (cama o cuna)
-Recursos de la habitación
-Cómo avisar para pedir ayuda
2-**COLOCAR DOCUMENTACIÓN** del niño en la carpeta correspondiente y revisar observaciones e indicaciones previas.
3-**APROVECHAR** primer cambio para valorar y enseñar a la madre cómo manejar al niño.

CERTIFICACIÓN NEONATAL

A PARTIR DE LAS 18 HORAS Y ANTES DE LAS 48 (idealmente a las 24) se realiza **EXPLORACIÓN PEDIÁTRICA COMPLETA** cumplimentando la hoja correspondiente, anotando la edad del RN en horas y el nombre de quién realiza la exploración.

INCLUIRÁ:
1-Peticiones que se requieran (RX, ecografías, consultas, análisis, etc.)
2-Indicaciones INDIVIDUALIZADAS según se precisen.
3-INFORMACIÓN a los padres. Estos pueden presenciar, si lo desean, la exploración del RN total o parcialmente.

ESTANCIA

1-Valorar paso / temas diario
2-Apoyo y estímulo a la lactancia materna. Adiestramiento y control de la técnica de lactar
3-Ayuda a la correcta lactancia en la lactancia artificial.
4-Seguimiento INDIVIDUALIZADO de los problemas pendientes (RX, análisis, consultas, citas, etc.) para completar antes de la salida.
SALIDA
-Verificar % de pérdida de peso
-Comprobar ausencia de problemas: ictericia, signos de infección, tomas mal, tono-reactividad, etc.
-Comprobar si se han dado las citas precisas.
-Extraer muestras Diagnóstico Precoz de Metabolopatías.
-Dar 2 mg. Vit.K oral **
-Firmar la SALIDA. (Pediatra)

** Se aplicará a los que reciban profilaxis por vía oral (ver texto)

c) **Profilaxis de la enfermedad hemorrágica del recién nacido** (EHR) con una dosis intramuscular de 1 mg de vitamina K. La vitamina K administrada de forma oral, aunque asegura unos índices de coagulación seguros hasta los dos primeros meses con varias dosis, no hay estudios randomizados que demuestren que sea efectiva respecto a la incidencia de la forma clásica y la tardía de la EHR. La Academia Americana de Pediatría (AAP) concluye que la profilaxis intramuscular de vitamina K es superior a la administración oral porque previene tanto la forma precoz como la tardía de EHR (9), por ello la AAP recomienda que la vitamina K sea administrada a todos los recién nacidos por vía intramuscular con una dosis única de 0.5-1 mg (9), según el peso sea menor o mayor de 1500 g.

d) **Cuidado del cordón**. Aunque en condiciones normales puede ser suficiente con lavar con agua y jabón el cordón umbilical, es más seguro aplicar un antiséptico después.

Aunque en los países desarrollados no está claro que la adición de un cuidado tópico sea necesario para la prevención de la onfalitis, en los países en vías de desarrollo se ha demostrado que el tratamiento con antiséptico tópico precoz (< 24 horas de vida), se acompaña de una menor mortalidad. Se recomienda solución de clorhexidina al 4% o alcohol de 70 º y se desaconsejan los antisépticos iodados como la povidona iodada, por la probabilidad de producir elevación transitoria de la TSH con la consiguiente alteración del despistaje de hipotiroidismo congénito (7).

e) El **grupo sanguíneo** y el **Coombs directo** se le debe realizar a los hijos de madre Rh negativas. También es conveniente a los hijos de madre del grupo O, si el recién nacido fuese a ser dado de alta antes de las 24 horas o presenta ictericia el primer día de vida.

4.2.- Valoración y cuidados en la planta de hospitalización madre-hijo

Inicialmente se debe (1-5):

a) Verificar la identificación de la madre y el hijo.
b) Comprobar información acerca del estado de salud de la madre, así como de la evolución del embarazo y parto.
c) Comprobar información acerca del estado y adaptación del recién nacido a la vida extrauterina. Tras ésta el recién nacido permanecerá con su madre salvo que la situación clínica de alguno de los dos no lo permita.

4.2.1.- Los recién nacidos deben ser **pesados, tallados y medido su perímetro craneal**, teniendo en cuenta que tanto el caput sucedaneum como la presencia de un céfalohematoma puede alterar la medición de este último. Se debe valorar inicialmente la:

- **Frecuencia respiratoria** (40-60 resp/min),
- **Frecuencia cardiaca** (120-160 lat/min) y
- **Temperatura** (en torno a 37 ºC).

Conviene tener en cuenta que durante los primeros 15 minutos de vida, los recién nacidos pueden presentar una frecuencia cardiaca de hasta 180 lat/min y una frecuencia respiratoria de hasta 80 resp/min producto de la descarga adrenérgica del periodo del parto, sin que ello sea patológico. Además hay que saber reconocer la respiración periódica (ritmo regular durante 1 minuto con periodo de ausencia de respiración de 5-10 segundos) que presentan algunos recién nacidos a término como un hecho normal (1, 4, 10).

4.2.2.- **No es preciso** en un recién nacido tomar la tensión arterial, determinar el hematocrito o la glucemia si no presenta alteraciones de las variables anteriores, no es macrosómico o hijo de madre diabética y tiene buen color y perfusión.

4.2.3.- Si no es posible inicialmente, en las primeras 24 horas, ya estabilizado tras el periodo de adaptación neonatal, se debe llevar a cabo por el pediatra-neonatólogo una exploración completa del recién nacido, que es probablemente la valoración sistemática que más anomalías revela, dejando constancia escrita de la misma, de las horas de vida a las que se hace, de la ausencia de aspectos patológicos y de la aparente normalidad **(Certificado neonatal)**. Debe suponer un planteamiento individualizado que garantice el que se estudien o descarten problemas que se sospecharon prenatalmente (ecografías renales...), y que se han cumplido los protocolos correctos indicados en cada caso (profilaxis en los hijos de portadoras de virus de la hepatitis B, VIH, etc.).

Se debe **incidir** en:

a) Si el neonato ha realizado una **transición** satisfactoria de la vida intrauterina a la extrauterina.

b) Si existen **anomalías congénitas**. Anomalías congénitas menores y aisladas como hoyuelos o mamelones preauriculares u hoyuelos sacros sin otras anomalías cutáneas no requieren intervención ninguna.

c) Si hay **signos de infección o alteraciones metabólicas**. Buscando específicamente signos de dificultad respiratoria, cianosis, sudoración, soplos cardiacos, hipotermia, temblor, hipotonía, hipertonía, letargia, irritabilidad, etc.

d) Los recién nacidos a término aparentemente sanos tienen mayor **riesgo** de desarrollar una **infección perinatal** si tienen alguno de los siguientes factores de riesgo:
– Rotura prolongada de membranas (> de 18 horas)
– Presencia de signos de corioamnionitis como fiebre materna, leucorrea maloliente o líquido amniótico maloliente
– Fiebre intraparto (38.5 °C.)
– Infección urinaria materna en el tercer trimestre no tratada o incorrectamente tratada.
– Prueba de detección de estreptococo agalactiae en el canal del parto positiva en la madre y que no pudo ser correctamente tratada durante el mismo (al menos una dosis de penicilina cuatro horas antes del expulsivo).

Estos recién nacidos deben ser evaluados desde el punto de vista clínico y analítico (hemograma completo, hemocultivo y proteína C reactiva, aunque estén asintomáticos), sin que sea ningún impedimento, si todo es normal, para su habitual estancia junto a su madre, pero deberán ser observados en el hospital por al menos 48 horas y pueden necesitar tratamiento empírico con antibióticos si existe algún dato anormal y hasta que el hemocultivo esté disponible. La profilaxis antibiótica intraparto debe ser dada a las mujeres que sean portadoras de estreptococo del grupo B confirmada con el resultado del cultivo de la vagina y anorrectal obtenido a las 35-37 semanas de gestación y cuando el estado de portadora del estreptococo del grupo B sea desconocida o porque tuviera factores de riesgo de infección. El uso y duración de la profilaxis antibiótica intraparto debe ser documentado. Los recién nacidos precisarán, evaluación si la profilaxis intraparto se ha iniciado con menos de 4 antes del parto.

4.- El recién nacido se colocará en una cuna de colchón firme, sin almohada y en decúbito supino o lateral. Nunca en prono, y salvo que haya una causa médica que lo justifique (malformaciones craneofaciales, reflujo gastroesofágico patológico, etc). Así mismo debe permanecer en la habitación con su madre el periodo de tiempo adecuado a su estado de salud y la capacidad de sus padres de cuidarlo.

Es conveniente asistirlos para que este tiempo sea todo el día. Esto facilitará una mejor instauración de la lactancia materna y el conocimiento y contacto madre-hijo, permitiendo a la madre que aprenda a responder a las diferentes demandas de su bebé.

4.3.- Cuidados diarios

1.- **Valorar diariamente** la frecuencia cardiaca y la frecuencia respiratoria. Si estos datos son normales y el neonato está asintomático es dudosa la utilidad de añadir la temperatura a esta valoración rutinaria. Consignar también la emisión de deposiciones y orina.

2- No es estrictamente necesario pesar a los recién nacidos sanos diariamente, es suficiente con el **peso al alta o al 3º-4º día** de vida para valorar el descenso de peso fisiológico que se produce en este periodo (habitualmente un 4-7 %, no debiendo exceder el 10-12 %).

3.- El **baño** debe ser diario(11), con agua templada, preferiblemente por la madre, asistida si es preciso por personal apropiado. El cordón umbilical se lava junto con el resto, secándolo bien posteriormente.
Esto se repite cada vez que se cambie el pañal si se ha ensuciado.

El cordón se caerá entre los 5 y 15 días de vida y es conveniente seguir limpiando de la misma forma la herida hasta que esté bien seca. No se debe bañar a los recién nacidos hasta que hayan alcanzado la estabilidad térmica.

Los médicos y las enfermeras de cada hospital establecerán el momento del primer baño, manera y sistemas de limpieza de la piel y el papel de los padres y del personal para hacerlo. El baño corporal total no suele ser necesario en el recién nacido. Sin embargo es conveniente una limpieza extensa para retirar los restos de sangre y secreciones en los recién nacidos de portadoras de VHB, VHC y VIH. El lavado de zonas concretas minimiza la exposición al agua y disminuye la pérdida de calor. Durante la estancia en la maternidad, la región perineal y las nalgas pueden ser lavadas con una esponjita fina y agua sola o con un jabón suave cuando se cambie el pañal.

Deseablemente se debería disponer de material para un sólo uso. Algunos productos pueden ser tóxicos o plantear problemas si se absorben (p.ej.: hexaclorofeno, povidona, etc.), mientras que otros cambian la flora cutánea y pueden incrementar el riesgo de infección.

4.- Como **vestido** los neonatos sólo requieren generalmente una camiseta de algodón o un pijamita sin botones y un pañal. Las ropas de cuna (sábanas, cobertores, mantas, almohadas, etc) deben ser suaves y sin aprestos ni costuras. En unidades sin refrigeración durante las épocas calurosas, bastará con el pañal.

5.- La **alimentación** del recién nacido constituye una de las actividades que más ocupa durante este período. Si no hay contraindicación, la forma preferible es la alimentación al pecho. Las mujeres deberían tomar la decisión del tipo de lactancia durante la gestación.

Cuando deseen realizar lactancia materna, deberán ser apoyadas y animadas desde el mismo momento del parto. Empezarán tan pronto como sea posible y se evitarán los suplementos (agua, sueros orales o fórmulas lácteas) que no sean estrictamente necesarios. La actividad de rutina de enfermería puerperal debe incluir la evaluación e instrucción de la técnica de lactancia realizada por personas capacitadas específicamente al efecto.

Los diversos procedimientos a desarrollar para conseguir una promoción eficaz de la lactancia materna están recogidos en recomendaciones hechas en el ámbito internacional por UNICEF y OMS (12,13). Las mujeres que opten por la lactancia artificial no deberán sentir ninguna culpabilización inducida por el personal y recibirán el mismo grado de apoyo que las madres que lacten.

6.- Las **visitas** de individuos sanos no deben estar restringidas, tampoco de hermanos del recién nacido. Es conveniente acordar con la madre que el número de personas no le interfieran en un adecuado descanso y cuidado del bebé.

5.- ALTA HOSPITALARIA DEL RECIÉN NACIDO SANO

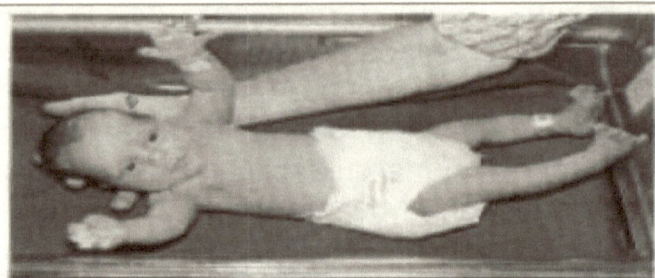

Fig. 28 Reflejo de Moro o de sobresalto.

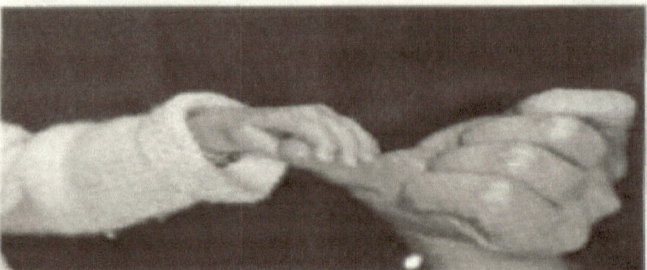

Fig. 29 Reflejo de prensión.

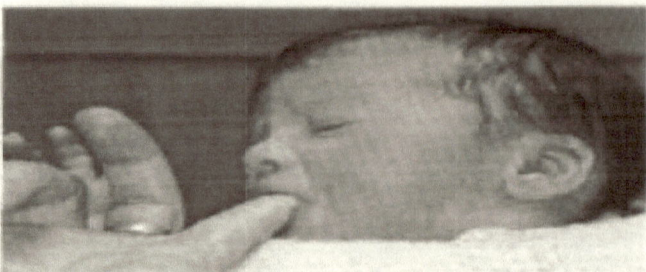

Fig. 30 Respuesta de succión.

La estancia en el hospital debe ser lo suficientemente larga como para permitir la identificación de problemas y para asegurar que la madre está suficientemente recuperada y preparada para atenderse a ella misma y atender a su hijo en casa. Conviene recordar que determinados procesos potencialmente graves pueden no apreciarse como tales en las primeras horas (ictericia, cardiopatías ductus dependientes y obstrucción intestinal) debiéndose mantener la observación y sospechar su presencia antes de la salida. También hay problemas maternos, como la endometritis, que aparecen después de las 24 horas y que pueden obligar a estancias más prolongadas. En todo caso se debe hacer el máximo esfuerzo para que madres e hijos no se separen y salgan juntos de la maternidad.

La **salida de la maternidad** debe precederse de la comprobación de todos los siguientes aspectos, que rara vez puede completarse antes de las 48 horas de vida:

a) Verificar **peso** y porcentaje de pérdida respecto al peso al nacimiento, así como que ha orinado y defecado.

b) **Exploración** y valoración del recién nacido, haciendo hincapié en signos tales como ictericia, letargia, irritabilidad, dificultad respiratoria, cianosis u otras alteraciones en el color de la piel, hipotonía, hipertonía, succión pobre, etc.

c) Es imprescindible que a todo recién nacido se le realice la **prueba de detección precoz de metabolopatías** (fenilcetonuria, hipotiroidismo, etc.).

Está indicada una vez bien instaurada la alimentación oral, generalmente a partir de las 48-72 horas y antes de los 7 días de vida, por lo que si es dado de alta precoz deberá hacerse constar que no se ha realizado la prueba y ésta debe realizarse entre los 5 y 7 días de vida.

d) En los recién nacidos de riesgo (zonas endémicas, hijos de madre con hepatitis B o C), se recomienda la **inmunización universal frente al VHB**, que se puede comenzar desde el periodo neonatal (0, 2 y 6 meses). Si la madre es además portadora del VHB (antígeno de superficie positivo), el bebé debe recibir una dosis (2 ml) de gammaglobulina anti-VHB, preferiblemente en las primeras 12 horas de vida. Si se ha realizado dicha profilaxis la lactancia materna no está contraindicada. La vacuna en recién nacidos sin riesgo se puede administrar según el calendario habitual a los 2, 4 y 6 meses de forma simultánea con otras vacunas.

e) Se recomienda la exploración ecográfica de la **cadera** en los recién nacidos sanos con riesgo de presentar displasia congénita de cadera (hermano afecto, primera hija mujer en podálica, anomalías musculoesqueléticas) o exploración anormal de la misma.

f) **Cribado neonatal de la hipoacusia**. Dos técnicas electrofisiológicas, las otoemisiones acústicas (OAE) y los potenciales evocados auditivos de tronco son utilizados rutinariamente como pruebas de cribado, ambas son portátiles, automatizadas y baratas, haciéndolas adecuadas para el cribado de la hipoacusia. Las **otoemisiones acústicas** exploran el órgano auditivo periférico (hasta la cóclea), se deben realizar a todos los recién nacidos, aunque sean sanos. Tienen riesgo de hipoacusia los que tienen antecedentes de sordera familiar, infección TORCH durante la gestación, drogas ototóxicas durante el embarazo, etc. Es deseable que esta prueba diagnóstica se extienda como **cribado universal** a todos los recién nacidos a fin de favorecer el diagnóstico precoz de la hipoacusia y minimizar sus consecuencias con el abordaje temprano del déficit (14,15).

g) La **hospitalización** del recién nacido sano debe ser lo suficientemente larga para permitir la detección precoz de problemas y asegurar que la familia sea capaz de cuidar al niño en su casa y esté preparada para ello. Factores que afectan a esta decisión incluyen la salud de la madre, la salud y estabilidad del niño, la capacidad y confianza de la madre para el cuidado de su niño, el adecuado soporte en casa y el acceso apropiado a los cuidados de seguimiento.

Es improbable que todos estos criterios se alcancen antes de las 48 horas (2). Las altas antes de las 48 horas de vida estarían limitadas a neonatos de una gestación única de 38 a 42 sema nas, apropiados para la edad de gestación y que reúnen los criterios citados anteriormente. Pero se recomienda que los recién nacidos de partos vaginales permanezcan hospitalizados al menos 48 horas y 96 horas para las cesáreas. Cuando el alta sea precoz (< 48 horas), el recién nacido será reevaluado extrahospitalariamente antes de transcurridas 48 horas de vida, especialmente en relación con la ictericia, cardiopatías, caderas, alimentación, cribados y peso (2).

h) Al alta, el pediatra y/o un enfermero/a de la sala de recién nacidos repasará con los padres las dudas que tengan sobre los cuidados del recién nacido, haciendo especial hincapié en la alimentación, la ictericia, el baño, los cuidados del cordón, así como los signos de enfermedad que les deben hacer consultar con el pediatra. Se les recordará la primera visita al pediatra a las dos semanas de vida o antes si existe cualquier situación de riesgo.

6.- BIBLIOGRAFÍA

1. Keefer C. Cuidados del recién nacido sano. JP. Cloherthy , AR. Stark (eds). Manual de Cuidados Neonatales. Masson S.A. Barcelona. 1999; pp 71-78.
2. Sielski LA. Initial routine management of the newborn. UpToDate 15.3. 2007.
3. Doménech E, Rodríguez-Alarcón J, González N. Cuidados generales del recién nacido a término sano. En De Guardia en Neonatología: Protocolos Y Procedimientos de los Cuidados Neonatales. M. Moro y M. Vento (eds). 2ª edición ERGON. Madrid. 2008: pp 139-146.

www.ingramcontent.com/pod-product-compliance
Lightning Source LLC
Chambersburg PA
CBHW030012190526
45157CB00015B/2471